Band 1: Völlig losgelöst

Band 2: Rückkehr zur Erde

Band 3: Die Mondmission

Band 4: Kometengefahr

Band 5: Gefährliche Reise zum Mars

Band 6: Abenteuer auf dem Mars

Band 7: Außer Kontrolle!

Band 8: Verloren im Regenwald

Band 9: Im Bann des Jupiters

Band 10: Im Sog des Schwarzen Lochs

Band 11: Wer rettet Ming und Hu?

Band 12: Plutinchen in Gefahr

Band 13: Die Wüste lebt

Band 14: Abenteuer im brennenden Eis

Band 15: SOS im Venusnebel

Weitere Abenteuer sind in Vorbereitung!

Bernd Flessner

Peter Schilling

Stefan Lohr

Fehler im System

In Zusammenarbeit mit

DLR Deutsches Zentrum für Luft- und Raumfahrt

Ein besonderer Dank geht an

Herrn Dr. Volker Kratzenberg-Annies

für die fachliche Beratung seitens des DLR

TESSLOFF

FSC
www.fsc.org
MIX
Papier | Fördert gute Waldnutzung
FSC® C002795

1. Auflage 2022

Burgschmietstraße 2-4, 90419 Nürnberg

Text: Bernd Flessner
Cover- und Innenillustrationen: Stefan Lohr
Idee/Mitwirkung: Peter Schilling
Lizenz: MajorTon Entertainment KG
Major Tom und *Völlig losgelöst* sind Marken
der MajorTon Entertainment KG
Grafisches Konzept: Barbara Heinlein, Gestaltung: Uwe Herrlen
Lektorat: Anja Kunze

www.tessloff.com

ISBN: 978-3-7886-4216-7

Dieses Buch entstand in Zusammenarbeit mit dem
Deutschen Zentrum für Luft- und Raumfahrt (DLR),
das den Text auf fachliche Richtigkeit geprüft hat.

DLR Deutsches Zentrum für Luft- und Raumfahrt

Inhalt

Wie alles begann

Der kleine Major Tom lebt zusammen mit seinem Vater, dem großen Major Tom, auf der Raumstation Space Camp 1. Seine Mutter arbeitet auch für die Weltraumagentur, ist aber nicht mit auf der Raumstation.

Stella ist seine beste Freundin und ebenfalls an Bord. Ihre Eltern sind bei der Bodenkontrolle beschäftigt. Plutinchen ist eine Roboterkatze und die treue Gefährtin von Tom und Stella. Gemeinsam erforschen sie das Weltall, beobachten die Erde und züchten Pflanzen an Bord der Raumstation. Eines Tages muss der große Major Tom unerwartet zum Mars fliegen und dort mithelfen, die Marsstation weiter aufzubauen.

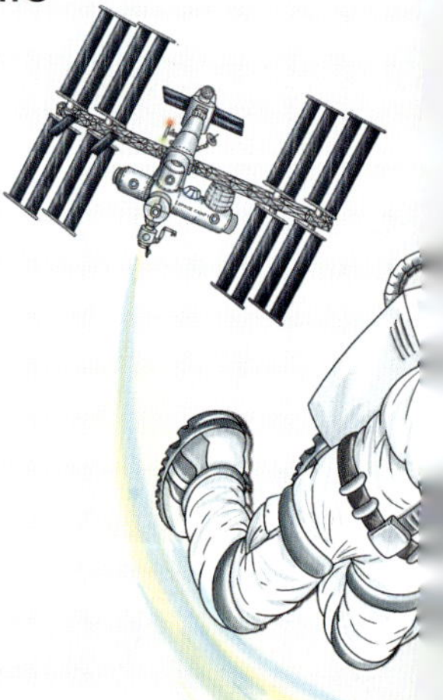

Tom, Stella und Plutinchen bleiben in der Raumstation zurück und sind nun ganz auf sich alleine gestellt.
Doch auch ohne ihre Eltern sind sie erfolgreiche und begeisterte Forscher. Gemeinsam meistern sie den Alltag auf der Raumstation, lösen Probleme und genießen zwischendurch den Ausblick auf ihren Heimatplaneten Erde. Auf den verschiedenen Missionen erleben sie ein Abenteuer nach dem anderen und lernen immer wieder Erstaunliches und Interessantes über die Erde und das Weltall. Dabei helfen sie sich gegenseitig und geben auch in brenzligen Situationen niemals auf.

Von der Venus zum Mond

Tom, Stella und Plutinchen befanden sich noch auf der Venus. Natürlich nicht auf der Oberfläche, die viel zu heiß ist. Sie waren an Bord von neuartigen Forschungszeppelinen. Nun wurde es Zeit für den Rückflug. Das Mutterschiff, die Albatros, schwebte ruhig in der Venusatmosphäre. An Bord warteten Tom, Stella und Plutinchen vor der Luftschleuse auf den Space Racer. Da die Atmosphäre zum Teil aus Schwefelsäure bestand, hatte das Raumschiff im Orbit gewartet, um sie nach ihrem Einsatz abzuholen.

„Da kommt der Space Racer!“, rief Tom. „Pünktlich wie der Vollmond.“

„Was hast du erwartet?“, grinste Stella. „Die Straßenbahn von Schneckenhausen?“

Durch ein kleines Fenster konnten sie verfolgen, wie das Raumschiff automatisch an die Albatros andockte.

„Ist das tatsächlich unser Space Racer?“, wunderte sich Tom. „Ich habe mich noch nicht an die graue Farbe gewöhnt. Er sieht so anders aus. Als hätte er einen neuen Anstrich bekommen.“
„Das ist eine Folge der Schwefelsäure“, wusste Plutinchen. „Es sieht schlimmer aus, als es ist. Die Außenhaut des Space Racer ist sehr stabil und sehr säurebeständig.“
„Na, dann sollten wir an Bord gehen“, sagte Tom und öffnete die Luftschleuse.
„Ich fliege zurück“, grinste Stella.
„Ja, du bist dran“, bestätigte Tom, setzte sich auf seinen Sitz und schnallte sich an. „Beginnen wir gleich mit dem Check.“
„Nicht so schnell, ich muss erst alles hochfahren“, bremste ihn Stella und wischte über das große Display. „So, jetzt können wir“, sagte sie nach einer kurzen Weile.
„Treibstoff okay. Sauerstoff okay. Akkus geladen“, ging Tom die Checkliste durch, während Plutinchen den Kurs zum Wurmloch berechnete.
„Die Position des Wurmlochs ist unverändert“,

meldete die Roboterkatze. „Die Generatoren sind aktiviert. Wir können starten.“

„Also los“, sagte Stella und zündete die Triebwerke. Der Space Racer beschleunigte und brachte sie sicher durch die Säurewolken. Als sie diese durchstoßen hatten, sahen sie einen Anblick, den sie länger nicht mehr gesehen hatten.

„Die Sterne“, freute sich Tom. „Fantastisch! Ich glaube, die Venus wird nicht mein Lieblingsplanet. Man sieht immer nur die Schwefelwolken.“

„Das Universum ist wunderbar“, meinte Stella.

„Die Generatoren öffnen das Wurmloch“, miaute Plutinchen, die sich vom Anblick der Sterne nicht beeindrucken ließ.

Vor ihnen bildete sich das vertraute Gebilde, das wie eine große Linse aussah.

„Das Wurmloch!“, freute sich Tom. „Pünktlich wie der Vollmond.“

„Na, hoffentlich wird das nicht dein neuer Spruch“, meinte Stella.

Der Space Racer flog direkt in die Linse hinein. Kaum war das kleine Raumschiff im Wurmloch

verschwunden, schoss es auch schon an einem ganz anderen Ort des Alls aus ihm heraus.
„Die Erde!“, sagte Tom. „Pünktlich …“
„Nein, sag es nicht“, unterbrach ihn Stella und wischte über das Display, um mit der Bodenstation Kontakt aufzunehmen: „Stella an Bodenstation. Rückkehr von der Venus erfolgreich. Bitten um Landeerlaubnis. Es ist besser, ihr seht euch den Space Racer einmal an. Die Venus war ziemlich sauer auf ihn. Der Flug durch die säurehaltige Atmosphäre hat die Hülle verändert.“
„Hier Bodenstation“, hörten sie in ihren Kopfhörern eine bekannte Stimme. „Willkommen zurück. Wir erwarten euch auf Landebahn drei. Kurs und Eintrittswinkel sind euch ja bekannt.“
„Stella an Bodenstation“, sagte die Pilotin. „Eintritt in die Erdatmosphäre erfolgt nach einer Erdumkreisung.“
„Erfolgt er nicht“, entgegnete Plutinchen.
„Was ist jetzt denn los?“, fragte Tom verwundert. „Machst zu Scherze?“
„Ich kann keine Scherze machen. Das weißt du doch“,

schnurrte die Roboterkatze. „Wir können nicht in die Atmosphäre eintreten."

„Und warum nicht?", wollte Stella wissen. „Regnet es in der Landezone?"

„Das weiß ich nicht", antwortete Plutinchen. „Ich weiß aber, dass unser Hitzeschild beschädigt ist."

„Die Schwefelsäure!", schimpfte Stella.

„Aber der Hitzeschild müsste doch auch säurefest sein", ärgerte sich Tom.

„Das ist er auch", bestätigte Plutinchen. „Die Sensoren melden aber, dass sich der Hitzeschild gelockert hat. Ich vermute, die Befestigungsbolzen waren weniger säurefest."

„Wir können also nicht auf der Erde landen?", fragte Stella.

„Nein, der Hitzeschild muss erst repariert oder ausgetauscht werden", erklärte Plutinchen. „Sonst verglühen wir beim Wiedereintritt in die Atmosphäre."

„Das will ich nicht", sagte Stella erschrocken.

„Das musst du ja auch gar nicht", tröstete sie Tom.

„Wir fliegen zum Space Camp 1 und lassen uns von dort abholen."

„Das denke ich auch", sagte Stella. „Aber das kann dauern. Du weißt doch, dass derzeit fast alle Raumschiffe ..."

„Stopp!", unterbrach sie Tom. „Ich habe eine Idee."

„Eine Idee? Was für eine Idee?", fragte Stella. „Doch nicht etwa zurück zur Venus?"

„Warte es ab", grinste Tom und wischte über das Display.

„Mondbasis bitte kommen. Hier spricht der kleine Major Tom. Ich muss dringend meinen Vater sprechen."

„Hier ist die Mondbasis", meldete sich eine unbekannte Stimme. „Ich versuche, die Verbindung herzustellen. Es kann einen Moment dauern."

„Danke!", sagte Tom.

„Zum Mond?", begannen Stellas Augen zu leuchten. „Stimmt, dein Vater ist ja zurzeit dort."

„Eine gute Idee", stimmte Plutinchen zu. „Da der Mond keine Atmosphäre besitzt, könnten wird dort jederzeit ohne Hitzeschild landen. Ein Verglühen beim Eintritt ist ja nicht möglich."

Es knackte ganz leicht in der Funkverbindung.
„Hier ist Major Tom", meldete sich Toms Vater.
„Papa, wir haben ein Problem", sagte der kleine Major Tom.
„Ach, du bist es!", freute sich sein Vater. „Ich dachte, ihr seid auf der Venus?"
„Das waren wir auch, doch dabei wurde der Hitzeschild beschädigt", erklärte Tom. „Wir können nicht auf der Erde landen."
„Natürlich nicht", gab ihm Toms Vater recht. „Aber ihr könnt zum Mond fliegen. Wir haben hier ja auch ein Dock für Raumschiffe. Ich werde euch gleich anmelden und informiere auch die Bodenstation."
„Orbital!", freute sich Tom. „Dann können wir ja auch Ming und Hu besuchen."
„Und Nèng Nèng", ergänzte Plutinchen.
„Danke", sagte Tom zu seinem Vater. „Schickst du uns noch die Daten für die Landung?"
„Die kommen in ein paar Minuten", antwortete er. „Ich muss erst alles mit dem Tower klären. Bis gleich."

„Zum Mond fliegen. Eine wirklich tolle Idee!“, lachte Stella. „Sollen wir uns bei Ming und Hu melden? Oder sollen wir sie überraschen?“

„Wir überraschen sie“, schlug Tom vor. „Die werden Augen machen!“

„Abgemacht! Sag mal, was macht dein Vater eigentlich auf dem Mond? Baut er wieder Gewächshäuser?“, fragte Stella. „Wie auf dem Mars?“

„Ich weiß es nicht“, gestand Tom. „Aber das kann er uns dann ja zeigen.“

„Die Landedaten sind da“, miaute Plutinchen. „Den Kurs habe ich auch schon berechnet. Wir können den Orbit verlassen.“

„Auf zum Mond!“, strahlte Stella.

Auf dem Mond

Der Space Racer umrundete den Mond und näherte sich der Mondbasis von Westen. Vor ihnen tauchten die verschiedenen Gebäude auf, die nur teilweise zu sehen waren. Die meisten Gebäude lagen unter dem Mondboden, um vor Strahlung und Asteroiden besser geschützt zu sein.

„Die haben eine ganze Menge gebaut“, stellte Tom fest. „Die Mondbasis ist ja riesig geworden. Mein Vater hat erzählt, dass fast das gesamte Baumaterial aus dem Mondboden gewonnen wird. Sogar von Wasserlieferungen sind sie unabhängig.“

„Das stimmt“, bestätigte Plutinchen. „Am Nordpol und vor allem am Südpol liegen viele Krater in einem ewigen Schatten. Sie werden nie von Sonnenstrahlen erreicht. Dort haben Kometeneinschläge Wassereis hinterlassen, das nicht schmilzt. Zum Teil ist es von Mondstaub begraben. Dieses Wasser lässt sich ganz gut einsammeln. Aber auch abseits dieser Krater enthält der Mondboden einiges Wasser. Außerdem haben Forscher auch Silber, Kohlenmonoxid, Ammoniak, Kalzium und Magnesium im Staub gefunden.

„Wie praktisch“, sagte Stella. „Je unabhängiger eine Station auf einem anderen Planeten oder Mond ist, umso besser. Sollten mal Transporte von der Erde ausbleiben, kann nichts passieren. Außerdem spart man sich die teuren Transportflüge. Wasser ist natürlich der wichtigste Rohstoff.“

„Mondbasis an Space Racer, bitte kommen!“, rauschte es ein wenig in den Kopfhörern. „Wir haben die Landeplattform drei für euch reserviert. Ihr könnt jetzt landen.“

„Space Racer an Mondbasis. Vielen Dank. Wir

sind im Anflug“, bestätigte Tom. „Die Landung erfolgt automatisch.“

Stella ließ den Joystick los und überließ dem Computer das Aufsetzen auf der Landeplattform mit der weithin sichtbaren Nummer drei.“

„Endlich mal wieder auf dem Mond“, strahlte Tom und löste seinen Sicherheitsgurt. „Die Mechaniker werden bestimmt ein paar Tage benötigen, um den Hitzeschild zu reparieren.“

„Das will ich hoffen“, sagte Stella, lächelte und hob sich aus dem Schalensitz. Das fiel ihr sehr leicht, denn der Mond besitzt nur ein Sechstel der Schwerkraft der Erde.

„Kontakt hergestellt“, verkündete eine Computerstimme. „Druckausgleich abgeschlossen.“

Stella öffnete die Luke und stieg aus. Tom und Plutinchen folgten ihr.

„Alles ganz neu“, staunte Tom.
„Auf dieser Landeplattform sind wir ja auch noch nie gelandet“, gab Stella zu bedenken. „Sieh mal, da ist auch schon dein Vater!“
Tom sprintete los, hob ab und stieß sich den Kopf an der Decke des Rüssels, also der beweglichen Gangway, über die man ein Raumschiff verließ oder betrat.
„Er ist mal wieder zu stürmisch“, schüttelte Stella den Kopf.
„Stürmisch? Auf dem Mond gibt es doch gar keine Stürme?“, miaute Plutinchen.
Nach seiner stürmischen Landung fiel Tom wieder ein, wie man sich auf dem Mond hüpfend fortbewegt. Nach ein paar kurzen Sprüngen konnte ihn sein Vater in den Arm nehmen. Stella ließ den beiden Zeit und begrüßte dann Toms Vater. Gemeinsam hüpften sie in die Mondbasis. Während sich der kleine und der große Tom angeregt unterhielten, sah Stella kurz zur Seite. In einer parallel verlaufenden Verbindungsröhre sah sie plötzlich Ming vorbeigehen. Sofort riss sie ihren Arm hoch und winkte. Doch Ming

würdigte sie keines Blickes und verschwand ohne den kleinsten Gruß. „Komisch“, wunderte sich Stella, blieb aber bei den beiden Toms. Am liebsten wäre sie Ming hinterhergehüpft, ließ es dann jedoch bleiben.
„Die sehen wir später noch. Sie wird mich nicht erkannt haben, da sie uns hier nicht erwartet haben“, sagte sich Stella.
„Ich habe schon mit unserem Wartungsteam gesprochen“, sagte Toms Vater. „Die Reparatur ist kein Problem, dürfte aber ein paar Tage dauern. Zum Glück haben wir einen ganz neuen Gästebereich. Ihr werdet es also bequem haben. Ich zeige euch den Weg.“
„Ming und Hu sind doch mit ihren Eltern auch auf der Mondbasis?“, wollte Stella wissen.
„Ja, die sind schon eine ganze Weile hier“, erklärte der große Tom. „Sie wohnen aber in einem anderen Bereich. Bestimmt wollt ihr sie besuchen.“

„Das haben wir vor“, antwortete Stella. „Wir wollen sie überraschen.“

„Na, die werden sich freuen“, nickte Toms Vater.

Als sie das nächste Modul betraten, blickte der kleine Tom kurz zurück in die große, neue Verbindungsröhre. Dort stand Hu und sah ihn an.

„He!“, rief Tom und winkte. Doch Hu drehte sich wortlos um und verschwand.

„Was ist los?“, fragte Stella.

„Nichts“, antwortete Tom. „Ich muss mich getäuscht haben.“

Ming hatte ihr Training beendet. Wie in der Schwerelosigkeit auf einer Raumstation mussten Menschen auch auf dem Mond ihre Muskeln trainieren, damit sie sich nicht zurückbildeten. Dafür gab es Laufbänder, Fahrradtrainer und Rudergeräte. Jetzt freute sie sich auf eine warme Dusche. Die gab es an Bord einer Raumstation nicht, dafür aber auf dem

Mond. Die Energie lieferte die Sonne, das Wasser der Mondboden. Außerdem wurde das Wasser immer wieder aufbereitet.
Ming war gerade in der Verbindungsröhre zu ihrem Wohnmodul, als sie am Ende der Röhre Stella entdeckte. Sie riss ihren Arm hoch und winkte ihr zu.
„Stella!“, rief Ming. „Was machst du denn hier?“
Doch Stella antwortete nicht, sondern ging einfach weiter und verschwand aus der Röhre.
Ming hüpfte los und erreichte nach wenigen Sprüngen die Gabelung, an der Stella abgebogen war. Die Röhre, die zum neuen Gästemodul führte, war leer.
Ming hüpfte zur nächsten Abzweigung, an der ihr Andrei entgegenhüpfte, der etwas jünger war als sie.
„Ist hier gerade ein Mädchen vorbeigekommen?“, fragte Ming. „Es ist so groß wie ich.“
„Ein Mädchen? Nein, hier ist niemand vorbeigekommen“, antwortete der russische Junge.
„Bist du sicher?“, hakte Ming nach und sah ihm streng in die Augen.
„Natürlich bin ich sicher“, bekräftigte Andrei. „Hier war niemand. Und jetzt lass mich bitte gehen.“

Nachdem der Junge weggehüpft war, flüsterte Ming: „Komisch. Ich hätte schwören können, dass ich gerade Stella gesehen habe. Vielleicht habe ich zu viel trainiert."

Während Ming zurück in ihr Wohnmodul hüpfte, war Hu auf dem Weg zur Wäschezentrale, um sich einen frischen Overall abzuholen. Kurz vor der Hauptkreuzung, an der sich gleich fünf Verbindungsröhren trafen, stand ihm plötzlich Tom gegenüber. Er hob die Hand, winkte ihm zu und öffnete den Mund, doch war kein Laut zu hören.

„Hallo, Tom!", begrüßte ihn Hu völlig überrascht. „Was machst du denn hier?"

Tom aber drehte sich zur Seite und verschwand in einer der Röhren.

„He, Tom? Was ist denn los?", rief ihm Hu hinterher und hüpfte zur Kreuzung. „Tom? Wo bist du?"

„Hier ist niemand", antwortete überraschend Hus Vater. „Und Tom schon gar nicht. Ich warte hier schon ein paar Minuten auf einen Kollegen."

„Aber ich habe Tom doch gerade gesehen", erwiderte Hu. „Er hat mir sogar zugewinkt."

„Das kann nicht sein", wunderte sich sein Vater. „Hier ist niemand durchgekommen. Soweit ich weiß, sind Tom und Stella noch auf einem dieser neuen Venusluftschiffe. Sie können also gar nicht hier sein. Geht es dir auch wirklich gut?"

„Bestens", antwortete Hu.

In diesem Augenblick näherte sich mit kleinen Sprüngen der Chef der Wassergewinnung auf dem Mond. Hu verabschiedete sich und hüpfte weiter zur Wäschezentrale.

Als Hu in die kleine Kabine im Wohnmodul zurückkehrte, wartete Ming schon auf ihn.

„Mir ist da etwas Komisches passiert", sagten die Geschwister fast gleichzeitig.

„Du fängst an", schlug Hu vor.

„Du wirst es nicht für möglich halten, aber ich habe heute Stella gesehen", berichtete Ming. „Hier auf der Basis. Ich glaube jedenfalls, sie gesehen zu haben. Sie hat die Hand gehoben und sich dann in Luft aufgelöst."

„Und ich habe Tom gesehen“, erzählte Hu. „Auch er hat nur seine Hand gehoben und ist dann verschwunden.“

„Dann habe ich mich doch nicht getäuscht“, sagte Ming erleichtert. „Ich habe schon befürchtet, dass ich Gespenster sehe.“

„Der Mondkoller“, nickte Hu. „Dieser Gedanke ist mir auch durch den Kopf gegangen. Nicht alle Menschen sind den Belastungen auf so einer Basis gewachsen. Manche fangen irgendwann an, Dinge zu sehen, die gar nicht da sind.“

Wer ist wer?

„Dass wir gleichzeitig überschnappen, halte ich für sehr unwahrscheinlich“, meinte Ming. „Ah, ich habe eine Idee. Nèng Nèng?“

„Ich bin hier“, antwortete der Pandaroboter, der neben dem Kleiderschrank stand.

„Frag bitte Plutinchen, ob sie sich auf der Mondbasis befindet“, sagte Ming.

„Das mache ich“, bestätigte Nèng Nèng. „Aber sie wird nicht antworten. Meine Funksignale haben nur eine begrenzte Reichweite. Bis zur Venus reichen sie auf keinen Fall.“

„Versuch es einfach“, bat Ming.

„Plutinchen? Hier ist Nèng Nèng. Bist du auf der Mondbasis?“, funkte der Pandaroboter.

„Hier ist Plutinchen“, erfolgte prompt die Antwort. „Ich bin auf der Mondbasis. Im Gästemodul. Der Space Racer bekommt einen neuen Hitzeschild.“

Ming und Hu blickten sich mit offenem Mund an.
„Dann sind Tom und Stella auch hier?“, fragte Nèng Nèng.
„Ja. Wir sind vor zwei Stunden eingetroffen“, antwortete Plutinchen. „Geht es dir gut?“
„Ja, Hard- und Software laufen bestens“, antwortete Nèng Nèng. „Sehen wir uns heute noch?“
„Bestimmt“, antwortete Plutinchen. „Ich melde mich später.“
„Beim Barte des ersten Kaisers von China!“, rief Hu. „Sie sind tatsächlich hier!“
„Aber warum haben sie sich so komisch verhalten?“, wunderte sich Ming.
„Fragen wir sie doch einfach“, schlug Hu vor. „In ein paar Minuten sind wir da. Du kommst mit, Nèng Nèng. Wir nehmen die Abkürzung durch die neue russische Verbindungsröhre.“
Ming und Hu verließen ihre Kabine und machten sich hüpfend auf den Weg zum neuen Gästemodul. Dort hatte Plutinchen natürlich den Funkspruch von Nèng Nèng gemeldet.
„Dann haben wir sie doch gesehen!“, stellte Stella fest.

„Ja, es war kein Irrtum!", sagte Tom erleichtert. „Und ich dachte schon, der Mondkoller hat mich erwischt."
„Aber warum haben die sich so sonderbar benommen?", fragte Stella. „Haben wir sie vielleicht beleidigt? Haben wir ihnen etwas getan?"
„Nein, haben wir nicht", war sich Tom sicher. „Am besten, wir besuchen sie gleich mal. Das hatten wir doch sowieso vor. Wenn mein Vater uns nicht die vielen Neuerungen gezeigt hätte, wären wir ja längst bei ihnen gewesen."
„Also los", sagte Stella. „Jetzt haben wir ja Zeit."
Tom und Stella hüpften los und entschieden sich für die alte amerikanische Verbindungsröhre.
„Ich fliege schon mal voraus", schnurrte Plutinchen.
„Mach das", stimmte Stella zu. „Nèng Nèng wird sich freuen."
Plutinchen beschleunigte, flog eine elegante Kurve und bog nach rechts in die nächste Röhre ein.
Dort richtete sie ihre Düsenpfoten so schnell wie möglich nach vorne, um zu bremsen. Denn fast wäre sie mit Nèng Nèng zusammengestoßen. Das Bremsmanöver glückte ihr nicht ganz, sie geriet ins

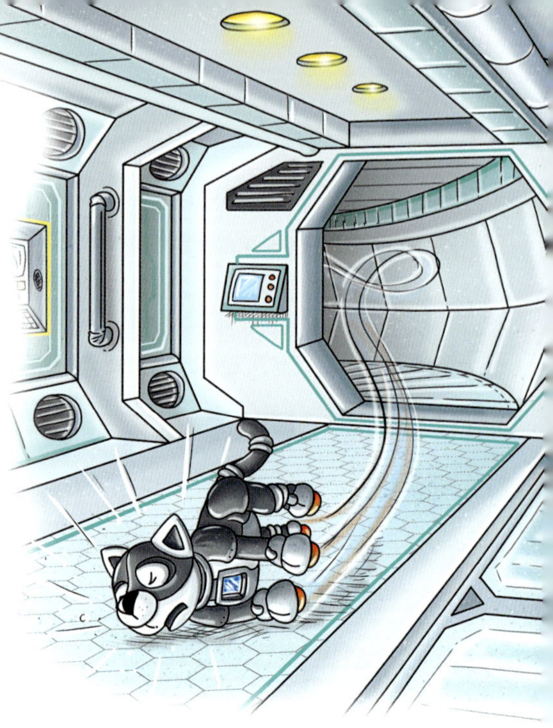

Trudeln, überschlug sich einmal in der Luft und landete unsanft auf dem Boden der Röhre. Als sie nach oben sah, war der Pandaroboter verschwunden.

„Was ist passiert?“, rief Stella besorgt, als sie Plutinchen erreichte.

„Ich wäre fast mit Nèng Nèng zusammengestoßen und bin dabei abgestürzt“, antwortete die Roboterkatze.

„Nèng Nèng?“, fragte Tom. „Wo ist er?“

„Das würde ich auch gerne wissen“, miaute Plutinchen.

„Funk ihn an“, meinte Stella.

„Das geht im Moment nicht“, sagte Plutinchen. „Seit meinem Sturz eben sind einige Systeme im Sicherheitsmodus. Technik ist empfindlich. Die Systeme fahren aber gleich wieder hoch. Sonst ist nichts passiert.“

„Da stimmt doch etwas nicht“, wunderte sich Tom.

„Wir begegnen unseren Freunden, doch die gehen uns aus dem Weg.“
„Fragen wir sie doch einfach“, schlug Stella vor und aktivierte ihr Astrofon. „Ming und Hu? Bitte melden! Hier sind Tom und Stella. Wo seid ihr?“
Das Astrofon zeigte zwar an, dass die Astrofone ihrer Freunde online waren, aber eine Antwort blieb aus.
„Ming und Hu! Bitte meldet euch!“, versuchte es jetzt Tom, aber auch er hatte keinen Erfolg.
„Also weiter“, entschied Stella.
Wenig später standen sie vor der Schiebetür von Mings und Hus Kabine. Tom berührte das Namensdisplay und sagte: „Ming und Hu? Seid ihr da? Hier sind Tom und Stella.“
Nichts tat sich – das Display schwieg.
„Niemand zu Hause“, meinte Tom.

„Niemand zu Hause“, stellte Ming zur gleichen Zeit fest, die zusammen mit Hu und Nèng Nèng vor der Kabine von Tom und Stella stand.
„Soll ich Plutinchen einen Funkspruch schicken?“, fragte Nèng Nèng.

„Gute Idee“, nickte Hu. „Wir haben nämlich vergessen, unsere Astrofone nach dem Duschen wieder anzulegen.“
„Plutinchen meldet sich nicht“, sagte Nèng Nèng.
„Da stimmt doch etwas nicht“, meinte Ming.
„Vielleicht sind sie auf dem Weg zu uns und wir haben uns verpasst?“, vermutete Hu. „Sie brauchen ja nur die alte Röhre benutzt zu haben.“
„Dann flieg schnell mal durch die amerikanische Röhre, Nèng Nèng“, sagte Ming. „Wir wollen der Sache auf den Grund gehen.“
Der Pandaroboter erhob sich in die Luft und beschleunigte. Doch weit kam er nicht. Nachdem er in die alte Verbindungsröhre der Mondbasis eingebogen war, sah er plötzlich Plutinchen. Die Roboterkatze bremste sofort ab, überschlug sich und fiel zu Boden. Auch Nèng Nèng bremste, brauchte aber gut einen Meter. Er war ja auch schwerer. Als er

sich nach Plutinchen umsah, war die Roboterkatze verschwunden. In diesem Augenblick holten ihn Ming und Hu ein.
„Was ist passiert? Du wolltest doch vorausfliegen?“, wunderte sich Hu.
„Ich hätte beinahe Plutinchen gerammt“, erklärte der Pandaroboter. „Aber jetzt ist sie verschwunden.“
„Das wird ja immer mysteriöser“, sagte Ming.
„Vielleicht hat uns alle der Mondkoller erwischt?“, fragte sich Hu.
„Uns vielleicht“, gab Ming zu bedenken, „aber bestimmt nicht unseren Roboter.“
„Stimmt. Dem kann ein langer Aufenthalt auf einer Mondbasis nichts anhaben“, gab ihr Hu recht.
„Was machen wir jetzt?“, fragte Ming.
„Erst einmal gehen wir zu unserer Kabine“, antwortete Hu.

„Was machen wir jetzt?“, fragte Stella vor der Kabinentür von Ming und Hu.
„Wir gehen wieder zurück“, schlug Tom vor. „Dann sehen wir weiter.“

Sie wollten gerade loshüpfen, als sie am Ende der Verbindungsröhre, gar nicht weit von ihnen entfernt, eine Roboterkatze sahen. Sie flog durch eine Verbindungsröhre, die ihre Röhre kreuzte. Sie war also nur für eine Sekunde zu sehen.

„Plutinchen!“, erschraken Tom und Stella und richteten ihre Blicke auf ihre Roboterkatze, die neben ihnen in der Luft schwebte.

„Das kann nicht sein“, miaute Plutinchen. „Ich bin ein Einzelstück, ein Experiment. Es gibt kein zweites Exemplar. Es gibt viele andere Roboterkatzen, aber nur ein Plutinchen.“

„Das war aber keine andere Roboterkatze“, war sich Stella sicher. „Ich kenne doch unser Plutinchen. Und das war sie. Es muss sie doch zweimal geben.“

„Oder hier spukt es“, meinte Tom. „Aber es gibt keine Geister und Gespenster. Die haben sich die Menschen bloß ausgedacht.“

„Aber wir haben sie doch gesehen“, widersprach Stella. „Und Plutinchen hat sie auch gesehen.“

„Ich verfolge sie“, entschied Plutinchen. „Vielleicht hole ich sie noch ein. Sie flog ja nicht sehr schnell.“

„Dann los!“, sagte Tom.
Plutinchen schoss wie eine Silvesterrakete durch die Röhre und verschwand mit einem fauchenden Geräusch in der Verbindungsröhre.
„Plutinchen! Nicht so schnell!“, rief Stella in ihr Astrofon.
„Vielleicht hört sie uns noch nicht“, meinte Tom. „Denk an den Sicherheitsmodus.“
„Sie wird sich schon melden“, sagte Stella. „Und was machen wir?“
„Wir trennen uns“, schlug Tom vor. „Bleib du hier und warte auf Ming und Hu. Ich gehe zu unserer Kabine und warte dort auf sie.“
„Ein guter Plan“, stimmte Stella zu. „Sonst bleibt noch die Kantine, wo wir nachschauen könnten.“
„Abgemacht“, sagte Tom und entfernte sich mit kleinen Sprüngen, während Stella vor der Tür auf und ab hüpfte.
„Was ist hier bloß los?“, flüsterte sie gedankenversunken. „Und wo sind Ming und Hu?“

Das Zusammentreffen

Doch so angestrengt Stella auch darüber nachdachte, sie fand keine Lösung. Stella hob den Kopf, um Plutinchen mit dem Astrofon zu rufen, als vor ihr Tom erschien. Mit kleinen Sprüngen hüpfte er auf sie zu.

„Du bist zurückgekommen?“, fragte sie überrascht. „Hast du Ming und Hu gefunden?“

Tom sagte kein Wort, sondern hüpfte langsam an ihr vorbei.

„He, Tom!“, rief Stella, aber Tom hüpfte weiter. „Jetzt bleib doch stehen!“

Sie hüpfte los und hatte ihn auch fast schon eingeholt, als er in den Verbindungstunnel einbog. Nur Sekunden später erreichte auch Stella die Kreuzung. Die Verbindungsröhre war leer. Tom war verschwunden.

„Aber …?“, japste sie, rieb sich die Augen und blieb mit offenem Mund stehen. Verwirrt sah sie in die leere Verbindungsröhre, die zu einem der Labore führte. Erst nach einer Weile bewegte sie sich wieder und drehte sich, um zu ihrem Wachposten zurückzukehren. Vor ihr stand Tom. Stella zuckte zusammen, riss die Augen auf und schickte einen kurzen Schrei in die Röhre.

„Habe ich dich erschreckt?“, wunderte sich Tom. „Wen hast du denn erwartet? Das blau-grün gestreifte Mondmonster?“

Stella streckte die rechte Hand aus und berührte Tom an der Schulter.

„Alles okay?“, erkundigte sich Tom und nahm ihre Hand. „Ich bin es. Und das auch noch höchstpersönlich.“

„Was machst du hier?“, fragte Stella erstaunt.

„Die neue Röhre war plötzlich gesperrt“, antwortete Tom. „Da wird irgendetwas repariert. Ich bin dann durch die andere Röhre, die ich noch nicht kannte.“

„Aber du bist doch vor ein paar Minuten von dort gekommen“, sagte Stella und wies mit dem Finger in die Röhre, die zur Kabinentür führte. „Direkt aus dem alten Wohnmodul.“

„Bestimmt nicht“, entgegnete Tom. „Wie hätte ich das denn machen sollen?“
„Stimmt“, nickte Stella. „Du hättest gar nicht von dort kommen können. Das ist ja eine Sackgasse.“
„Aber du hast mich gesehen?“, fragte Tom ungläubig.
Stella nickte.
„Plutinchen an Tom und Stella. Könnt ihr mich hören?“, meldeten sich in diesem Augenblick ihre Astrofone.
„Hier ist Tom. Hast du die andere Katze gefunden?“
„Nein. Inzwischen läuft bei mir aber wieder alles“, antwortete Plutinchen. „Ich habe den Zentralcomputer der Mondbasis gefragt. Nèng Nèng und ich sind die einzigen Roboter auf der Basis, die eine tierische Gestalt haben. Es gibt kein zweites Plutinchen.“
„Und was haben wir dann vorhin gesehen? Eine fliegende Konservendose mit vier Beinen und einem Schwanz?“, meinte Tom ärgerlich.
„Wir müssen endlich Ming und Hu treffen“, schlug Stella vor. „Vielleicht klärt sich dann alles auf. Die sind ja schon länger auf der Mondbasis.“

„Aber wo sollen wir sie suchen?“, fragte Tom. „Hier sind sie nicht und ihre Astrofone schweigen.“
„Wir gehen sofort zurück zum Gästemodul“, sagte Stella. „Es könnte nämlich sein, dass die beiden direkt vor unserer Tür auf uns warten. Beeilen wir uns. Außerdem ist die neue Röhre ja gesperrt. Es gibt jetzt nur einen möglichen Weg.“
Tom und Stella hüpften los und wagten größere Sprünge. Plutinchen folgte ihnen. An der nächsten Kreuzung bogen sie nach links ab. Jetzt war es nicht mehr weit. Nach der nächsten Kurve hielten sie kurz an, denn zwei Kinder kamen ihnen entgegen.
„Ming und Hu! Na endlich!“, rief Stella und machte einen großen Satz nach vorne.
„Gleich wissen wir, was hier nicht stimmt“, freute sich Tom und riskierte noch höhere Sprünge. Ming und Hu hoben ihre Arme in die Luft. Dann trafen sie sich in der Mitte der Röhre. Stella stürzte auf Ming zu, um sie zu umarmen.
„Wo wart ihr denn?“, fragte sie und wollte Ming umarmen. Doch sie umfasste nur Luft und fiel auf den Boden. Tom hüpfte einfach durch Hu hindurch.

Der Schreck war so groß, dass er einen Schrei von sich gab und ebenfalls zu Boden fiel. Plutinchen stoppte zwar rechtzeitig, doch Nèng Nèng hielt nicht an, sondern flog durch sie hindurch.
Als Tom und Stella wieder auf den Beinen standen, hatten sich Ming und Hu in Luft aufgelöst. Die Röhre war menschenleer.
„Orbital!", raunte Tom.
„Die reinsten Luftnummern", schimpfte Stella und fasste sich an den Ellbogen, der ein bisschen wehtat.
„Holografien", erklärte Plutinchen. „Es müssen Holografien sein. Allerdings sehr, sehr gute Holografien. Die besten, die ich je gesehen habe. Sie werden von irgendwoher in die Röhren übertragen. Aber ich kann keinen Beamer erkennen."
„Täuschend echt", staunte Tom. „Man kann sie nicht von wirklichen Menschen unterscheiden. Eine perfekte Illusion. Da können die Holografien unserer Astrofone nicht mithalten."
„Wahrlich nicht", stimmte Stella zu. „Immerhin wissen wir jetzt, was hier los ist."
„Wo Ming und Hu sind, wissen wir aber immer noch

nicht“, stellte Tom fest. „Wir sollten weiterhüpfen.“
„Unbedingt“, sagte Stella. „Es ist nicht mehr weit.“
Hinter der nächsten und letzten Biegung hielten sie erneut an.
„Da sind wieder Ming und Hu“, flüsterte Tom. „Sie heben auch wieder die Arme. Dieselben Holografien.“
„Das sehe ich“, flüsterte Stella. „Da will uns jemand auf den Arm nehmen.“
„Aber nicht mit uns“, sagte Tom entschlossen.
Sie hüpften los, hoben ihre Arme, winkten und lachten. Diesmal würden sie nicht zu Boden gehen, sondern einfach weiterhüpfen.
„Die sehen wirklich perfekt aus“, meinte Tom.
„Täuschend echt“, bestätigte Stella.
Dann krachte es. Stellas und Mings Köpfe stießen zusammen, Tom und Hu hüpften sich gegenseitig über den Haufen. In der engen Röhre bildete sich ein Knäuel aus Armen und Beinen, aus Körpern und Köpfen. Plutinchen und Nèng Nèng versuchten noch zu bremsen, streiften sich und prallten wie Billardkugeln voneinander ab, um dann zu Boden zu fallen.

„Aua!“, tönte und hallte es mehrmals durch die Röhre. Es dauerte eine Weile, bis die Freunde das Knäuel wieder entwirrt hatten.

„Ihr seid ja echt!“, staunte Tom.

„Und ihr auch!“, wunderte sich Hu.

„Wir dachten, ihr seid eine Holografie“, gab Stella zu.

„Das haben wir auch von euch gedacht“, gestand Ming. „Ihr seid uns nämlich vor ein paar Minuten als Holografien entgegengekommen.“

„Ihr uns auch“, sagte Stella und fasste sich an den Kopf. „Das gibt eine saftige Beule.“

„Bei mir auch“, stellte Ming fest.

„Du hast einen verdammt harten Schädel."
„Du aber auch", versuchte Stella zu lächeln.
„Ein echtes Zusammentreffen also", grinste Tom.
„Kann man so sagen", meinte Hu. „Zum Glück ist hier die Schwerkraft so gering. Seid ihr alle okay?"
Tom, Stella und Ming nickten.

Nèng Nèng hat es erwischt

„Und ihr?“, fragte Hu die beiden Roboter, die gerade dabei waren, ihr Gleichgewicht wiederzufinden.
„Kaum sind wir gelandet, haben wir uns überlegt, wie man auf diesem Monde wohl am besten sich erhebt“, antwortete Nèng Nèng mit melodischer Stimme.
„Ein singender Pandaroboter?“, rief Ming. „Bloß das nicht!“
„Oh nein!“, sagte Stella.
„Ob das schon eingeplant war, das erfahren wir wohl nie“, sang Nèng Nèng. „Denn auf dem Monde geht jeder in die Knie.“
„Plutinchen, was ist mit dir?“, fragte Stella.
„Hoffentlich fängt sie nicht auch noch an zu singen“, befürchtete Tom.
„Warum sollte ich das tun?“, wunderte sich Plutinchen.
„Weil der Mond uns einlädt, zu singen einen Song“, summte Nèng Nèng vergnügt, „schon weil er so aussieht wie ein großer runder Gong.“

„Grauenhaft!“, rief Ming.
„Entsetzlich!“, meinte Stella.
„Katastrophal!“, urteilte Tom.
„Wenn Nèng Nèng wenigstens den Ton halten könnte“, ergänzte Hu.
„Nur ein echter Feigling, der schert sich um den Ton“, sang der Pandaroboter ausgelassen. „Ein tierisch guter Sänger, der kommt auch so davon.“
„Das hört man“, seufzte Stella. „Schlimmer als das Heulen der Mondkälber!“
„Wenn die Mondkälber singen, dann werden die Krater blass“, tönte Nèng Nèng fröhlich und hüpfte wie ein Ball auf und ab. „Die Erde wird viereckig, die Sonne, die wird nass.“
„Garantiert“, jammerte Ming.
„Zum Glück hört sie schlecht.“
„Die Sonne ohne Ohren, die ist taub wie der Mond“, reimte Nèng Nèng. „Der hat graue Haare, die Sonne, die ist blond.“

„Das wird ja immer schlimmer!“, beschwerte sich Tom.
„Wie bei Plutinchen damals“, bemerkte Stella. „Da hat nur noch ein neuer Chip geholfen.“
„Ein neuer Chip?“, wiederholte Hu.
„Ein neuer Chip ist herrlich, der macht dich unentbehrlich“, gluckste Nèng Nèng. „Ein neuer Chip ist teuer, das ist mir nicht geheuer. Ein neuer Mond ist billig, genauso einen will ich! Da fehlt nur noch ein Panda, der lebt auf der Veranda.“
„Gleich explodiert er“, sagte Stella ängstlich, machte einen kleinen Hüpfer rückwärts und hielt sich die Ohren zu.
„Wenn Explosionen erklingen, dann werden alle wach“, fuhr Nèng Nèng fort und fing auch noch an zu tanzen. „Dann wollen alle flüchten, vor diesem lauten Krach!“
„Ein neuer Chip muss her!“, forderte Stella. „Sofort!“
„Abschalten!“, rief Tom. „Sofort abschalten!“
„Sie reisen auf Kometen durch das halbe Weltall“, grinste der Pandaroboter. „Weil sie Angst haben vor dem nächsten Knall.“
„Der hat wirklich einen Knall“, stellte Hu fest.

„Aber abschalten, das ist doch eine richtig gute Idee“, meinte Ming. „Wenn wir ihn abschalten, dann gibt es einen Reset. Dadurch wird sein ursprüngliches Programm wiederhergestellt. Wir fahren ihn dann wieder hoch.“

„Wir sollten es versuchen“, stimmte Hu zu.

„Und das funktioniert?“, wunderte sich Tom. „Bei Plutinchen ist das nicht so einfach möglich.“

„Nèng Nèng ist mit einer besonderen Sicherheitseinrichtung ausgestattet worden“, versicherte Hu.

„Sicherheit ist wichtig, doch ich hab´ keine Lust“, summte Nèng Nèng. „Am Ende bin ich traurig und habe bloß noch Frust.“

„Jetzt reicht es!“, entschied Ming und packte den Roboter. Doch Nèng Nèng kugelte sich schnell zur Seite und befreite sich aus dem Griff.

„Abschalten ist unmöglich, denn ich bin viel zu schlau“, lachte Nèng Nèng. „Ich werde euch entwischen, indem ich schnell abhau’.“

Die wilde Jagd

Der Pandaroboter sprang auf und hüpfte die Röhre entlang. Ming, Stella, Hu und Tom hüpften hinterher, Plutinchen erhob sich in die Luft. So schnell sie konnten, verfolgten sie Nèng Nèng.
„Wir trennen uns!“, rief Tom an der nächsten Kreuzung. „Ich bleibe ihm auf den Fersen, ihr schneidet ihm den Weg ab!“
„Gute Idee“, stimmte Ming zu und hüpfte in die rechte Röhre.
„Ich schaue in die Kantine!“, keuchte Stella.
„Und ich ins große Testlabor!“, fügte Hu hinzu.
„Ich fliege zum Wohnmodul!“, miaute Plutinchen.
In Windeseile verteilten sich die Freunde in den Röhren der Mondbasis. Aber erst einmal blieb Nèng Nèng verschwunden.
„Wo ist der hin?“, wunderte Tom sich und hüpfte weiter.
„Nicht in die Kantine“, meldete sich Stella. „Da sitzen

nur ein paar Astronauten und Kosmonauten und schlürfen Tee."

„Im Testlabor ist er auch nicht", funkte Hu. „Ein paar Taikonauten sitzen zusammen mit Toms Vater an ihren Rechnern."

„Also weiter!", sagte Tom. „Er kann die Mondbasis nicht einfach verlassen. Er kommt nicht durch die Schleusen."

„Ich habe ihn!", funkte Plutinchen. „Er ist in der Zentralröhre und fliegt direkt auf mich zu. Ich glaube, er hat mich noch nicht bemerkt."

„Sei vorsichtig!", mahnte Stella.

Plutinchen flog dicht unterhalb der Decke entlang, während Nèng Nèng sich in Bodennähe bewegte. Erst im letzten Augenblick setzte sie zum Sturzflug an und raste auf ihn zu.

„Hast du ihn?", fragte Tom.

„Nein", antwortete die Roboterkatze. „Er ist einfach durch mich hindurchgeflogen. Es war eine Holografie."

„Ach, du dickes Mondkalb, das hatte ich ja ganz vergessen", sagte Stella.

„Ich auch", stöhnte Ming.

„Die Jagd wird schwierig“, brummte Tom. „Aber wir werden ihn schon noch erwischen. Seid vorsichtig!“
Die Freunde hüpften nun nicht mehr schnell durch die Mondbasis, sondern machten winzige Sprünge auf Zehenspitzen. Sie sahen vorsichtig um jede Ecke und lauschten in die Verbindungsröhren.

„Oh nein!“, erschrak Stella.
„Was ist passiert?“, fragte Tom. „Hast du ihn?“
„Nein, ich habe mich“, antwortete Stella. „Ich komme mir gerade entgegen. Wenn ich nicht genau wüsste, dass ich ich bin, würde ich sagen, dass sie ich ist. Ich sehe mir zum Verwechseln ähnlich.“
„Was macht die andere Stella?“, wollte Tom wissen.
„Sie scheint jemanden zu verfolgen“, antwortete Stella.
„Und was machst du?“, fragte Tom.
„Ich verfolge Nèng Nèng“, sagte Stella.
„Das weiß ich doch“, antwortete Tom.
„Warum fragst du dann?“, nörgelte Stella. „Jetzt ist sie da, ich meine, ich bin da, nein, wir sind beide

da. Ich komme mir vor wie das doppelte Lottchen. Jetzt schlüpft sie durch mich hindurch. Was für ein komisches Gefühl!"

„Ich meine, ob sie etwas macht, was du kürzlich erst gemacht hast", wollte Tom wissen.

„Ich bin noch nie durch jemanden hindurchgehüpft", antwortete Stella.

„Das meine ich nicht", brummte Tom. „Was hat sie davor gemacht? Wie hat sie sich bewegt?"

„Ach so", sagte Stella. „Jetzt weiß ich, was du meinst. Ja, so bin ich vor wenigen Minuten durch eine andere Röhre gehüpft. Das müsste etwa so ausgesehen haben."

„Die Aufnahmen für die Holografien sind also noch ganz frisch, wenn sie übertragen werden", meinte Tom.

„Ja, das könnte stimmen", bestätigte Stella. „Das war keine alte Aufnahme. Ich habe auch denselben Overall an."

„Das ist ein wichtiger Hinweis", meinte Tom.

„Wofür?", staunte Stella.

„Wenn ich das so genau wüsste", gab Tom zu. „Fangen wir erst einmal Nèng Nèng."

„Er ist hier!", brüllte es plötzlich aus ihren Kopfhörern.
„Das war Hu", war sich Stella sicher.
„Hier ist er auch!", rief Ming.
„Er ist mir gerade entwischt", funkte Plutinchen.
„Den erwischen wir bestimmt", meinte Tom. „Es gibt ja genug davon."
„Also weiter", stöhnte Stella, drehte sich um und hüpfte zurück durch die Verbindungsröhre. Plötzlich kam ihr Ming entgegen. Aber war sie es wirklich? Stella hob die Hand und winkte. Auch Ming hob die Hand und winkte.
„Das sagt noch nichts", dachte Stella und hüpfte vorsichtig weiter. Ming näherte sich ebenfalls sehr vorsichtig. Beide Mädchen beäugten sich umso kritischer, je näher sie sich kamen. Als sie sich fast berührten, packte Stella zu. Auch Ming tat das.

„Aua! Meine Nase!“, protestierte Stella.

„Mein Daumen!“, rief Ming. „Du hast ihn umgeknickt!“

„Das war keine Absicht“, rechtfertigte sich Stella. „Ich wollte nur sichergehen, dass du echt bist.“

„Genau wie ich“, nickte Ming und befühlte ihren Daumen. „Man weiß ja gar nicht mehr, wen man vor sich hat.“

„Festhalten!“, hallte es in diesem Augenblick durch die Röhre. Doch es war zu spät – gleich drei Pandaroboter sausten durch die Röhre. Die ersten beiden flogen durch Ming und Stella hindurch, der dritte warf sie fast zu Boden.

„Das war der echte!“, stellte Ming fest.

„Tatsächlich?“, fragte Stella. „Wie bist du bloß darauf gekommen?“
„Fast hätte ich ihn gehabt“, schnaufte Hu, als er bei den Mädchen eintraf.
„Wen?“, fragte Stella.
„Na, Nèng Nèng natürlich!“, erwiderte Hu.
„Welchen denn?“, grinste Ming.
„Den echten natürlich!“, entgegnete er.
„Na, dann viel Spaß, da kommen sie nämlich gerade wieder“, sagte Stella. „Und Hilfe ist auch schon unterwegs. Du hilfst dir nämlich selbst.“
Am Ende der Röhre sahen sie drei Pandaroboter, die von Hu verfolgt wurden.
„Orbital!“, staunte Tom, der in diesem Moment um die Ecke gehüpft kam. „Seid ihr echt?“
„Sind wir“, versicherte Stella und zeigte auf die Pandaroboter, „aber die da nicht.“
„Na ja, einer vielleicht doch“, gab Hu zu bedenken.
„Den schnappen wir uns!“, rief Tom. „Jeder einen!“
Die vier Kinder versperrten die Röhre und hoben ihre Hände, um zupacken zu können. Die Pandas kamen schnell näher.

„Jetzt!“, gab Tom das Kommando. Sekunden später packten alle zu. „Ich habe ihn!“, jubelte Ming. „Hast du nicht!“, widersprach Stella. „Das ist mein Fuß.“ „Von denen war keiner echt“, erklärte Hu.

„Das wird immer schlimmer. Seht mal, dort stehen wir.“

Ihre Blicke richteten sich auf das Ende der Röhre. Dort standen Tom und Stella, Ming und Hu.

„Wir warten auf die Pandas“, stellte Tom fest. „Die Bilder sind gerade eben aufgenommen worden.“

„Von den Überwachungskameras“, vermutete Ming.

„Aber dann müssten sie in der Zentrale doch sehen, was hier los ist“, meinte Hu. „Zumindest der Computer müsste die Situation doch erfassen.“

„Das glaube ich nicht“, entgegnete Stella. „Sie wären ja längst hier. Nein, die sehen nichts. Ich wette, die sehen nur leere Röhren.“

„Oder der Computer spinnt“, befürchtete Tom.

„Da kommen die Pandas wieder!“, unterbrach Stella das Gespräch. Gleich sechs Pandaroboter kamen auf sie zu. Doch plötzlich lösten sie sich in Luft auf, als wären sie Seifenblasen gewesen.

Toms Vater hat die Lösung

„Orbital!“, staunte Tom.

„Da kommt dein Vater“, sagte Stella.

Mit großen Sprüngen näherte sich der große Major Tom und lächelte die Kinder verlegen an.

„Es tut mir leid“, begann er. „Ich habe es gerade dank einer Überwachungskamera gesehen. Es war ein Fehler im System. Den konnten wir erst jetzt beheben.“

„Wozu macht ihr das?“, fragte Tom. „Ich meine, diese Holografien?“

„Wir arbeiten an besonders guten Holografien, die wir für wissenschaftliche Zwecke einsetzen wollen“, erklärte Toms Vater. „Ärzte können sie nutzen, um etwa chirurgische Roboter zu überprüfen. Dazu vergrößern sie die Aufnahmen, die ihre Computertomografen vom menschlichen Körper gemacht haben. Die heutigen Tomografen liefern fantastische, dreidimensionale Bilder. Aber das ist nur eine Möglichkeit der Anwendung. Wir können so auch die verschiedenen Experimente viel besser überprüfen."

„Verstehe", nickte Tom.

„Wenn wir das gewusst hätten", sagte Stella.

„Wir haben es auch erst sehr spät gemerkt", gestand Toms Vater. „Der Computer hat Aufnahmen der Überwachungskameras benutzt, um euch zu verdoppeln und zu verdreifachen. Das machen übrigens technische Medien schon immer. Auch Fernsehbilder sind eine Verdopplung der Wirklichkeit. Noch dazu weiß man nie, ob diese Wirklichkeit der Wahrheit entspricht."

„Wer nicht aufpasst, der verirrt sich in den vielen Wirklichkeiten der Medien", wusste Stella.

„Das haben wir ja gerade selbst erlebt", meinte Ming. „Wir sind perfekten Illusionen nachgejagt."

„Ja, man kann sich in den von Medien erschaffenen Wirklichkeiten wie in einem Labyrinth verirren", fuhr Toms Vater fort.

„Aber wie kann man das verhindern?", fragte Hu.

„Nur durch Wissen", erklärte der große Tom. „Wer viel

über Medien und ihre Arbeitsweise weiß, der kann die verschiedenen Wirklichkeiten unterscheiden."
„Bei einem Film ist das nicht schwer", grinste Tom. „Man kennt die Schauspieler und sieht die Tricks. Man weiß, dass die Schauspieler nur Rollen spielen."
„Das stimmt", sagte sein Vater. „Aber bei Nachrichten ist das ganz anders. Dabei kann es sich durchaus mal um eine Fälschung handeln. Und das erkennt man nicht immer auf Anhieb."
„Fake News!", ergänzte Stella.
„Ganz genau", lächelte Toms Vater. „Diese Holografien waren in gewisser Weise auch Fake News, also gefälschte Nachrichten. Ihr habt es aber zunächst nicht bemerkt. Es hat eine Weile gedauert."
„Wir haben uns im Labyrinth verirrt", stellte Tom fest. „Bis wir gemerkt haben, dass es Abbilder sind."
„So ist es", sagte sein Vater. „Unsere Holografien werden übrigens auch virtuelle Realitäten genannt. Es sind also künstliche, aber mögliche Wirklichkeiten, wie sie etwa ein Computer erzeugen kann."
„Und jetzt ist der Fehler behoben?", wollte Ming wissen.

„Ja, das ist er“, lächelte der große Tom. „Das Programm arbeitet jetzt ordnungsgemäß.“

„Ich glaube, wir müssen uns mehr mit Medien befassen“, meinte Stella.

„Ein guter Vorschlag“, nickte Tom. „Können wir uns so eine Operation mal ansehen? Also die Holografie?“

„Ja, das könnt ihr“, antwortete der große Tom.

„Zuerst müssen wir aber Nèng Nèng finden“, gab Hu zu bedenken.

„Da bin ich“, sagte Nèng Nèng, der vor ihnen neben Plutinchen stand, als wäre nichts gewesen.

„Wo kommt ihr denn her?“, fragte Stella überrascht.

„Aus der Zentralröhre“, antwortete Plutinchen.

„Egal, wir müssen Nèng Nèng sofort abschalten!“, sagte Hu, sprang nach vorne und packte den Pandaroboter. „Los! Helft mir!“

„Halt! Stopp! Aufhören!“, miaute Plutinchen laut. „Mit Nèng Nèng ist alles in Ordnung.“

„Hast du ihn abgeschaltet?“, fragte Tom.
„Nein“, antwortete Plutinchen. „Er kam plötzlich auf mich zu und wollte wissen, was passiert ist. Er ist von ganz alleine wieder normal geworden.“
„Das wird an seinem Korrekturprogramm liegen“, vermutete Toms Vater. „Das ist eine Sicherheitseinrichtung, die den Fehler bemerkt und repariert hat.“
„Lass mich bitte los!“, sagte Nèng Nèng. „Du drehst mir sonst noch ein Bein aus dem Körper!“
„Ist mit dir wirklich alles in Ordnung?“, wollte sich Hu vergewissern.
„Ja, ich bin okay“, antwortete der Pandaroboter. „Aber nicht mehr lange, wenn du mich weiter so umklammerst.“
„Na gut“, sagte Hu und löste vorsichtig seinen Griff.
„Das wurde auch Zeit“, schnurrte Plutinchen.
„Ist wirklich alles gut?“, wiederholte Hu.
„Ja, ich bin fit wie ein Panda“, versicherte Nèng Nèng.
„Bin ich froh!“, freute sich Stella. „Da jetzt wieder alle echt sind, sollten wir in die Kantine gehen und einen echten Space Tea trinken.“

„Ich lade euch ein“, sagte Toms Vater.
„Echt?“, scherzte Tom.
„Echt!“, lächelte sein Vater.

Der kleine Major Tom

Logbuch

Fehler im System // Eintrag 1

Nicht alles, was auf den ersten Blick echt aussieht, ist auch echt. Menschen sind nun einmal anfällig für Täuschungen und Irrtümer. Unsere Augen und Ohren suchen immer nach Bekanntem und Vertrautem. Doch manchmal glauben sie, etwas wiederzuerkennen, haben es aber falsch eingeordnet. Schon ist der Irrtum passiert. Es gibt auch Nachrichten oder Informationen, die bewusst gefälscht worden sind. Denn manche Menschen wollen andere absichtlich in die Irre führen und zum Beispiel davon überzeugen, dass es gar keinen Klimawandel gibt. Diese gefälschten Nachrichten nennt man Fake News. Sie werden oft über soziale Medien verbreitet. Am besten kannst du sie entlarven, indem du die Informationen genau überprüfst.

Fehler im System // Eintrag 2

Bilder aus Filmen, dem Fernsehen oder dem Internet sind nicht die Wirklichkeit, scheinen aber so. Forscher sprechen von einer Realitätsverdopplung. Wir lassen uns gerne auf diese Bilder ein; sonst könnten sie uns nicht unterhalten, zum Lachen bringen oder in Spannung versetzen. Wir gruseln uns vor dem Drachen aus dem Film, obwohl wir wissen, dass es ihn in Wirklichkeit gar nicht gibt. Ist die künstliche Wirklichkeit der echten zum Verwechseln ähnlich, nennt man sie virtuelle Realität. So wie die Holografien, denen wir auf dem Mond begegnet sind. Sie werden zum Beispiel in Simulatoren benötigt. Dort lernen etwa Piloten das Fliegen von Flugzeugen. Dazu muss alles so echt wie möglich wirken, auch der Blick aus dem Fenster.

Fehler im System // Eintrag 3

Wasser auf dem Mond? Da haben die Menschen lange Zeit mit dem Kopf geschüttelt. Doch dann haben Forscher herausgefunden, dass sich Wasser im Mondboden befindet. Pro Tonne

Mondboden sind bis zu 180 Gramm Wasser enthalten. Die Forscher denken, dass dieses Wasser durch den Sonnenwind erzeugt wird, also den Teilchenstrom, der von der Sonne kommt. Er besteht vor allem aus Wasserstoff, der sich mit dem im Mondboden enthaltenen Sauerstoff verbindet und so zu Wasser wird. Das Wasser lässt sich aus dem Mondboden gewinnen und für Astronauten nutzbar machen. Es kann als Trinkwasser dienen oder als Rohstoff für Raketentreibstoff. Mithilfe von Sonnenenergie kann das Wasser nämlich wieder in Wasserstoff und Sauerstoff zerlegt werden. Ein toller Treibstoff.

„Das Universum ist groß, die Erde unser Zuhause."

Peter Schilling

Die Kreativ-Crew rund um den kleinen Major Tom

© Kurt Fuchs

Bernd Flessner …

… hat am 24.11.1957 Geburtstag. Er wurde in Göttingen geboren, ist aber am Meer aufgewachsen. Seine Lieblingsfarbe ist Rot. Am liebsten schreibt er Bücher für Erwachsene und Bücher für Kinder. Wenn er mal gerade nicht schreibt, dann kocht er. Sein Lieblingsgericht ist selbst gemachte Lasagne. Bernd Flessner ist ein begeisterter Zukunftsforscher, ihn interessiert alles, was mit Raumfahrt und Weltall zusammenhängt. Sein größter Wunsch wäre es, einmal zum Mars zu fliegen (und zurück natürlich, damit er von seinem Abenteuer berichten kann).

© Stefan Lohr

Stefan Lohr …

… hat am 5.5.1972 Geburtstag. Er wurde in Leutkirch geboren und lebt heute in Ravensburg. Seine Lieblingsfarbe ist Blau. Und am liebsten illustriert er Bücher für Kinder. Wenn er Zeit hat, dann fährt er gern Achterbahn. Am liebsten mit Doppellooping. Sein größter Wunsch wäre es, einmal mit Major Toms Space Racer ein paar Loopings im Weltall zu drehen.

Peter Schilling

Wer kennt nicht „Major Tom (völlig losgelöst)“ und hat dazu schon mal ordentlich abgetanzt? Der Sänger und Songschreiber Peter Schilling, von dem dieser und noch viele andere Songs stammen, hatte die geniale Idee, die Geschichte aus dem weltbekannten Lied weiterzuerzählen – und zwar als Geschichte für Kinder. Er ist, wie er sagt, im Herzen ein Kind geblieben und hat so die Idee zum kleinen Major Tom, Stella und Plutinchen gehabt. Und weil er den Autor und Weltraumfan Bernd Flessner kennengelernt hat, sind daraus Geschichten entstanden. Peter Schilling möchte gerne, dass Kinder die Möglichkeit bekommen, so viel wie möglich über unsere Welt und das Universum zu erfahren. Deshalb tauscht er sich gerne vor seinen Konzerten mit Kindern über das spannende Thema Weltraum aus.

Bisher erschienen:

Band 1: Völlig losgelöst
ISBN 978-3-7886-4001-9

Bd. 2: Rückkehr zur Erde
ISBN 978-3-7886-4002-6

Bd. 3: Die Mondmission
ISBN 978-3-7886-4003-3

Bd. 4: Kometengefahr
ISBN 978-3-7886-4004-0

Bd. 5: Gefährliche Reise zum Mars
ISBN 978-3-7886-4005-7

Bd. 6: Abenteuer auf dem Mars
ISBN 978-3-7886-4006-4

Bd. 7: Außer Kontrolle!
ISBN 978-3-7886-4007-1

Bd. 8: Verloren im Regenwald
ISBN 978-3-7886-4008-8

Bd. 9: Im Bann des Jupiters
ISBN 978-3-7886-4009-5

Bd. 10: Im Sog des Schwarzen Lochs
ISBN 978-3-7886-4010-1

Bd. 11: Wer rettet Ming und Hu?
ISBN 978-3-7886-4011-8

Bd.12: Plutinchen in Gefahr
ISBN 978-3-7886-4012-5

Bd. 13: Die Wüste lebt
ISBN 978-3-7886-4013-2

Bd. 14: Abenteuer im brennenden Eis
ISBN 978-3-7886-4014-9

Bd. 15: SOS im Venusnebel
ISBN 978-3-7886-4215-0

Hörspiele:

Völlig losgelöst
ISBN 978-3-7886-4101-6

Rückkehr zur Erde
ISBN 978-3-7886-4102-3

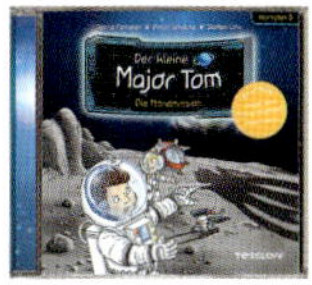

Die Mondmission
ISBN 978-3-7886-4103-0

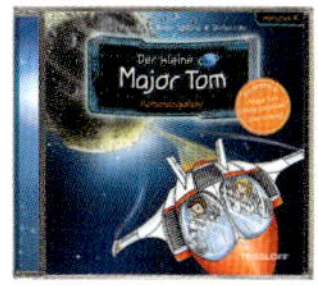

Kometengefahr
ISBN 978-3-7886-4104-7

Gefährliche Reise zum Mars
ISBN 978-3-7886-4105-4

Abenteuer auf dem Mars
ISBN 978-3-7886-4106-1

Außer Kontrolle!
ISBN 978-3-7886-4107-8

Verloren im Regenwald
ISBN 978-3-7886-4108-5

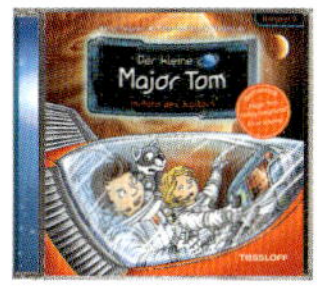

Im Bann des Jupiters
ISBN 978-3-7886-4221-1

Im Sog des Schwarzen Lochs
ISBN 978-3-7886-4222-8

Wer rettet Ming und Hu?
ISBN 978-3-7886-4225-9

Plutinchen in Gefahr
ISBN 978-3-7886-4226-6

Die Wüste lebt
ISBN 978-3-7886-7432-8

Abenteuer im brennenden Eis
ISBN 978-3-7886-7433-5

Download & Streaming
auf allen gängigen Portalen

Freundealbum:

Meine Freunde
ISBN 978-3-7886-4115-3

Space School:

Bd. 1: Abenteuer Raumfahrt
ISBN 978-3-7886-4113-9

Bd. 2: Künstliche Intelligenz
ISBN 978-3-7886-4114-6

Bd. 3: Supermaterialien
ISBN 978-3-7886-4223-5

Bd. 4: Mobilität
ISBN 978-3-7886-4224-2